Inhaltsverzeichnis

Zur Konzeption der Rechengeschichten

Sachaufgaben werden von Schülern[1] häufig als kompliziert empfunden, sind unverständlich und langweilig und meist wissen Schüler nicht, was sie eigentlich rechnen sollen und warum sie es rechnen sollen. Dies kann auf Verständnisschwierigkeiten beim Lesen basieren, lässt sich aber auch auf mangelnde Auseinandersetzung mit diesen Aufgaben zurückführen. Sachaufgaben werden oftmals im Anschluss an ein erarbeitetes Rechenverfahren eingesetzt. Die Zahlen müssen lediglich in das Rechenverfahren eingefügt und die gerade erarbeiteten Rechenschritte durchgeführt werden. Solche „eingekleideten Aufgaben" bestehen zudem häufig aus Texten, die für die Lebenswirklichkeit der Kinder kaum Bedeutung haben. Sorgfältiges Lesen ist vielfach nicht notwendig und wird durch die für Kinder belanglosen Textinhalte kaum gefördert. Eine sinnvolle Auseinandersetzung mit dem Inhalt der Sachaufgaben findet nicht statt.

Das vorliegende Material verfolgt einen anderen Ansatz:
- Die Textaufgaben und Rechengeschichten beziehen sich auf die Lebenswirklichkeit der Kinder und bieten Inhalte, die den Kindern bekannt und die für sie interessant und von Bedeutung sind.
- Die Geschichten können über das Rechnen hinaus Informationen vermitteln und den Wissensstand der Kinder erweitern.
- Sie können neben den relevanten auch Zahlen enthalten, die für die Rechnung keine Rolle spielen, sodass nicht unmittelbar auf die auszuführende Rechenoperation geschlossen werden kann.
- Sie lassen sich in Teilaufgaben zerlegen, wodurch auch Teilerfolge möglich werden.
- Sie können Informationen und Zahlen beinhalten, mit denen sich unterschiedliche Fragemöglichkeiten entwickeln lassen.
- Vor allem aber: Sie können zum Arbeiten mit einem Partner und in der Gruppe und auch zum Argumentieren, Modellieren, Darstellen und Kommunizieren anregen.

Die Rechengeschichten in diesem Heft erfordern mehrere Rechenschritte und ermöglichen verschiedene Bearbeitungswege. Viele Aufgaben lassen zwei oder drei separate Lösungswege zu, die unabhängig voneinander zur Lösung führen. Die Kinder ermitteln die für die Lösung des Problems notwendigen Zahlen aus dem Informationstext, unterscheiden sie von den irrelevanten Zahlen und setzen die Zahlen so in Beziehung zueinander, dass sie notwendige Rechenschritte durchführen können.
Neben der **prozessorientierten Kompetenz,** relevante Informationen zu erkennen und diese für mathematische Verfahren zu nutzen, wird die Fähigkeit gefördert, selbst **Aufgabenstellungen aus erlebten Situationen zu konstruieren** („Modellieren"[2]) und Situationen des Alltags für Rechenanlässe zu nutzen.
Unterstützt werden die Schüler dabei durch Fragen zur Relevanz von Informationen, durch hinführende und helfende Fragen, mittels derer die Schüler lernen, komplizierte Aufgaben in Teilaufgaben zu zerlegen.
Außerdem helfen Lückentexte zur Lösungsfindung, Tabellen zum Eintragen (und damit zum Strukturieren) der notwendigen Zahlen, Vorschläge für eigene Zeichnungen sowie Fragen zur Beantwortbarkeit und Lösbarkeit aufgrund der erhaltenen Informationen.
Diese Beispiele für **Lösungsstrategien** und **Darstellungsmöglichkeiten** können zunächst als Bestandteil der Aufgabe angesehen und für alle Schüler eingesetzt werden. Sie dienen den Schülern als **Modelle,** durch die Lösungsstrategien entwickelt werden, und bieten ihnen über die eigentliche Aufgabenstellung hinaus Gesprächsstoff zur Erörterung in Rechenkonferenzen. Im weiteren Verlauf können diese Hilfen allerdings auch gezielt als Möglichkeit zur qualitativen Differenzierung eingesetzt werden.

[1] Aus Gründen der Übersichtlichkeit wird hier auf die Differenzierung der männlichen und weiblichen Form verzichtet. Selbstverständlich sind stets beide Geschlechter angesprochen.
[2] Schulministerium NRW, Lehrplan Mathematik

Rechenkonferenzen

Unter einer **Rechenkonferenz** ist die **Zusammenkunft einer kleinen Gruppe von Schülern** zu verstehen, die sich alle mit einer bestimmten Aufgabe oder einem bestimmten Problem auseinandergesetzt haben und sich nun über diese Aufgabe, die Rechenschritte, die Rechenwege und die Lösungen austauschen[3]. Dabei werden die Lösungsvorschläge dargestellt und erörtert, Rechenwege verteidigt, andere Schüler vom eigenen Ansatz überzeugt oder auch die Gedanken und Vorschläge anderer Schüler überprüft und möglicherweise (in Teilen) übernommen.

Damit Schüler Rechenkonferenzen leichter realisieren können, müssen zuvor verschiedene Regeln vereinbart werden, Absprachen getroffen und Rituale eingeführt werden. Die Schüler benötigen verabredete Signale, um sich zum Austausch zusammenfinden zu können. Solche Zeichen können beispielsweise Anmeldelisten sein, auf denen bereits festgelegt wird, wie viele Schüler (höchstens) an einer Rechenkonferenz teilnehmen können. Häufig werden für diese Rechenkonferenzen Rollen verteilt. So gibt es meist einen Gesprächsleiter, einen Schreiber und einen Zeitwächter[4].

Des Weiteren können Rechenkonferenzen aber auch als eine **Arbeitsphase des Unterrichts** eingeplant werden, wie dies z. B. bei der sogenannten Ich-Du-Wir-Methode praktiziert wird. Bei dieser Methode – als Teilkonzept des Dialogischen Lernens – wird der Arbeitszeitraum in drei Phasen unterteilt, die als „Ich-Phase" (Einzelarbeit), als „Du-Phase" (Partnerarbeit) und als „Wir-Phase" (Teamarbeit) bezeichnet werden[5]. Bei diesem Unterrichtskonzept werden die Aufgaben so gestellt, dass der einzelne Schüler in der ersten Phase selbst nach einer Lösung sucht und seine Gedanken und Lösungsansätze notiert. Daran schließen sich die Phasen an, in denen sich der Schüler mit einem Partner und mit einer Gruppe (oder auch mit der ganzen Klasse) mit dem Problem und seiner / seinen Lösung(en) auseinandersetzt. In dieser Phase werden die verschiedenen Lösungsansätze und Überlegungen mit unterschiedlichen Darstellungsformen demonstriert. Im Mittelpunkt steht dabei, wie die Schüler mit der Aufgabe umgegangen sind.
Die verbale und durch Demonstration begleitete Auseinandersetzung mit mathematischen Problemen **fördert die Fähigkeit der Schüler, zu argumentieren und sich sachbezogen zu äußern.** Die Schüler lernen, ihre **Vorgehensweisen und** ihre **Ergebnisse** zu **dokumentieren** (Lerntagebuch) und **mit geeigneten Präsentationsformen** wie Plakaten u. Ä. **darzustellen.**

[3] Vgl. Sundermann, B. und Selter, Ch. (1995): Halbschriftliches Rechnen auf eigenen Wegen. In: G. N. Müller und E. Ch. Wittmann (Hrsg.): Mit Kindern rechnen. Frankfurt a. M.: Arbeitskreis Grundschule, S. 165 – 178.
[4] Vgl. *http://www.pikas.tu-dortmund.de* (Stand: 10.04.2012)
[5] Vgl. Ruf, U. und Gallin, P.: Dialogisches Lernen in Sprache und Mathematik. Seelze-Velber: Kallmeyer 1998.

Anmerkungen zur Bearbeitung von Rechengeschichten

Die Bearbeitung von Sachaufgaben lässt sich durch verschiedene **Lösungsstrategien** erleichtern und vereinfachen. Daher sollten diese Strategien den Schülern vermittelt und von ihnen eingesetzt werden. Um Wiederholungen zu vermeiden, wird bei den einzelnen Rechengeschichten auf diese Strategien allerdings nicht immer wieder hingewiesen. Die Strategien werden daher hier zusammengefasst dargestellt.

1. Thema und Inhalt der Rechengeschichte

Rechengeschichten, bei denen sich durch die verwendeten Zahlen nicht bereits die notwendigen Rechenschritte ergeben, lassen sich nur lösen, wenn die beschriebene Situation verstanden wird. Die erste Frage sollte daher stets lauten: Worum geht es in der Geschichte?
Um das textliche Verständnis zu verbessern, sollten die Geschichten umformuliert werden: Erzähle die Geschichte mit deinen eigenen Worten.

2. Relevante Informationen markieren

Das Verständnis wird außerdem erleichtert, wenn die Schüler die für die Lösung des Problems relevanten Informationen aus dem Text suchen und diese markieren. Weiterhin besteht die Möglichkeit, die nebensächlichen Informationen durchzustreichen. (Dies sollte erst nach ausreichender Übung eingesetzt werden, um die weitere Bearbeitung nicht zu erschweren oder unmöglich zu machen.)

3. Zahlen markieren

Durch diese Methode lernen die Kinder, welche Zahlen einen Zusammenhang mit der Problemstellung haben. Durchstreichen sollten die Schüler die nebensächlichen Zahlen aber erst nach entsprechend ausreichender Übung.

4. Selbst Fragen formulieren

Das Formulieren eigener Fragen führt zu einem größeren Textverständnis und fördert die Fähigkeit, Zusammenhänge besser zu erkennen und zu verstehen. Des Weiteren führen selbst formulierte Fragen häufig zu einer Aufspaltung der Aufgabe in kleinere Teilaufgaben, die leichter zu bewältigen sind, die aber dennoch zur Beantwortung der ursprünglichen Fragestellung beitragen. Der Schüler hat dann auch schon ein Erfolgserlebnis. Ungeachtet dessen ist es sinnvoller, eine Teilaufgabe zu lösen, als gar keine Aufgabe zu bearbeiten.

5. Eine Zeichnung anfertigen oder eine Tabelle erstellen

Um sich die in einer Rechengeschichte dargestellte Situation anschaulicher vorstellen zu können, ist es oft hilfreich, sich dazu eine kleine Zeichnung zu machen. Häufig erfüllt eine solche Zeichnung auch den Zweck, die Aufgabe zu strukturieren und dadurch besser zu durchschauen. Tabellen haben eine ähnliche Funktion.

Ab S. 37 finden Sie **Lösungen** und Anmerkungen zu den einzelnen Rechengeschichten. Diese sind für die Lehrkraft gedacht und eignen sich nicht zur Selbstkontrolle der Schüler.

Ich wünsche Ihnen und Ihren Schülern viel Spaß und Erfolg bei der Bearbeitung der Textaufgaben und Rechengeschichten.

Martin Peters

Rechengeschichte

Das Schuhregal

An der Pestalozzi-Schule ziehen alle Kinder vor dem Unterricht ihre Straßenschuhe aus. Sie stellen diese Schuhe in ein Schuhregal vor der Klasse. Anschließend ziehen die Kinder sich ihre Hausschuhe an, die bisher im Regal standen.
Die Klasse 2a, in der 14 Mädchen und 13 Jungen unterrichtet werden, hat bereits die Schuhe gewechselt. Vor dem Klassenraum stehen auf dem oberen Brett des Regals 6 Paar Schuhe. Auf dem mittleren Brett stehen 7 Paar Schuhe. Auf dem unteren Brett stehen 9 Paar Schuhe.
An diesem Tag fehlen 3 Kinder. 2 Kinder im Klassenraum haben noch nicht ihre Schuhe gewechselt. Deswegen stehen unter dem Regal noch 5 Paar Hausschuhe.

Wie viele Kinder befinden sich jetzt im Klassenraum?

Tipp-Karte

Das Schuhregal

**Zeichne die Schuhe ein, die auf den drei Brettern des Regals stehen.
Zeichne auch die Hausschuhe ein, die unter dem Regal stehen.
Streiche dann die Hausschuhe von den fehlenden Kindern durch.
Rechne danach aus, wie viele Kinder sich im Klassenraum befinden.**

BVK MA15 • Martin Peters: Textaufgaben & Rechengeschichten Klasse 2 • Seite 5

Rechengeschichte

Milch verteilen

Janik und Claudia helfen dem Hausmeister beim Verteilen der Milchgetränke. Es gibt 3 Kästen mit je 15 Kakaoflaschen und 2 Kästen mit je 12 Flaschen Vanillemilch. Außerdem gibt es einen Kasten mit 3 Milchflaschen.

____ Kakao	____ Kakao	____ Kakao	____ Vanille-milch	____ Vanille-milch	____ Milch

Die beiden Kinder verteilen die Flaschen zunächst gleichmäßig auf 8 Kästen, in denen dann je 9 Flaschen stehen. Sie stellen aber fest, dass nicht jede Klasse gleich viele Flaschen bestellt hat. Auf der Liste steht, dass die 4 Klassen auf dem oberen Flur 37 Flaschen erhalten. Die 4 Klassen auf dem unteren Flur bekommen 2 Flaschen weniger.

Wie viele Flaschen mit Milchgetränken werden an der Schule verteilt?

Rechengeschichte

Freiarbeit

In der Freiarbeitsstunde arbeiten die Kinder der Klasse 2b in der Leseecke, im Bankkreis, an einem kleinen und an einem großen Gruppentisch. Außerdem gibt es noch 2 Arbeitsecken im Gruppenraum.

Im Klassenraum arbeiten jetzt 3-mal so viele Kinder wie im Gruppenraum. In der Leseecke lesen 3 Kinder in ihren Büchern. Genauso viele Kinder arbeiten im Bankkreis an einem Lernplakat. Die Hälfte der Kinder aus der Klasse hat sich zum Arbeiten an einen der beiden Gruppentische gesetzt. Am kleinen Gruppentisch basteln 4 Kinder Lesezeichen und Leseschablonen. An dem großen Gruppentisch wird an den Arbeitsmappen gearbeitet. Dort sind doppelt so viele Kinder wie am kleinen Gruppentisch.
Im Gruppenraum sitzen in einer Arbeitsecke 4 Kinder zusammen und legen Rechendominos. In der anderen Arbeitsecke versuchen Tim und Sara, 15 Murmeln gerecht auf 3 Kisten zu verteilen.

Wie viele Kinder werden in der Klasse 2b unterrichtet?

BVK MA15 • Martin Peters: Textaufgaben & Rechengeschichten Klasse 2 • Seite 6

Tipp-Karte 1

Freiarbeit

Trage in die Kästen die Anzahl der Schüler an den verschiedenen Arbeitsplätzen ein.
Rechne dann zusammen, wie viele Schüler in der Klasse 2b unterrichtet werden.

Leseecke _____ Kinder	Bankkreis _____ Kinder	kleiner Gruppentisch _____ Kinder
großer Gruppentisch _____ Kinder	Arbeitsecke 1 im Gruppenraum _____ Kinder	Arbeitsecke 2 im Gruppenraum _____ Kinder

Tipp-Karte 2

Freiarbeit

Stimmt das? Überprüfe die folgenden Aussagen.

	stimmt	stimmt nicht
Im Klassenraum arbeiten die Kinder in der Leseecke, im Bankkreis und an drei Gruppentischen.	○	○
In der Leseecke und im Bankkreis arbeiten jeweils 3 Kinder, zusammen also 6 Kinder.	○	○
Am kleinen Gruppentisch arbeiten 4 Kinder und am großen Gruppentisch arbeiten 8 Kinder.	○	○
An den beiden Gruppentischen arbeiten insgesamt 11 Kinder.	○	○
In der Leseecke, im Bankkreis und an den beiden Gruppentischen arbeiten insgesamt 18 Kinder.	○	○
Im Gruppenraum arbeiten 4 Kinder.	○	○
Wenn im Klassenraum 3-mal so viele Kinder arbeiten wie im Gruppenraum, dann sind im Gruppenraum 6 Kinder.	○	○

BVK MA15 • Martin Peters: Textaufgaben & Rechengeschichten Klasse 2 • Seite 7

Rechengeschichte

Das Erlebnisheft

An der Gebrüder-Grimm-Schule werden in den 3 Klassen des 2. Schuljahres 72 Kinder unterrichtet. Diese Kinder schreiben jeden Tag kleine Erlebnisse in ihre Erlebnishefte. Wenn sie morgens in die Klasse kommen, haben sie dafür etwa 15 Minuten Zeit.
Anschließend treffen sich die Kinder der Klasse 2b im Bankkreis. Dieser besteht aus 6 Bänken. Einige Kinder lesen dann ihre Geschichten vor.
In einer Liste wird jeweils eingetragen, welche Kinder bereits vorgelesen haben. Dort steht, dass in dieser Woche schon 32 Geschichten vorgelesen wurden. Dabei haben 11 Kinder bereits zweimal vorgelesen. Drei Kinder haben aber noch gar nicht vorgelesen. Alle anderen Kinder der Klasse haben einmal vorgelesen. In der letzten Woche hat jedes Kind zweimal vorgelesen. 48 Geschichten wurden dabei insgesamt vorgetragen.

Wie viele Kinder werden in der Klasse 2b unterrichtet?

BVK MA15 • Martin Peters: Textaufgaben & Rechengeschichten Klasse 2 • Seite 8

Tipp-Karte

Das Erlebnisheft

**Unten siehst du 32 Blätter für die vorgelesenen Geschichten.
Da 11 Kinder jeweils 2 Geschichten vorgelesen haben, zeichnest du für sie zunächst auf je 2 Blätter ein Strichmännchen.
Anschließend zeichnest du in jedes der übrigen Blätter jeweils ein Strichmännchen.
Zuletzt zeichnest du unten neben die Blätter weitere Strichmännchen für die Kinder, die noch gar keine Geschichte vorgelesen haben.
Nun kannst du an der Anzahl der Strichmännchen ablesen, wie viele Kinder in der Klasse unterrichtet werden.**

Rechengeschichte

Der neue Stundenplan

Finn aus der Klasse 2a hat heute von der Klassenlehrerin seinen neuen Stundenplan bekommen. Darauf steht, dass in einer Woche 4 Deutschstunden, 3 Stunden Sachunterricht, 5 Mathestunden, 3 Stunden Sport, eine Stunde Musik, 2 Stunden Kunst, 2 Stunden Religion, 2 Stunden Englisch und eine Förderstunde stattfinden.

Außerdem sieht Finn, dass er montags und dienstags jeweils 5 Stunden hat. Mittwochs und donnerstags hat er jeweils 4 Stunden. Freitags hat er dann wieder 5 Stunden.

Zu Hause vergleicht Finn seinen Stundenplan mit dem Stundenplan seines älteren Bruders. Dieser hat an 3 Tagen jeweils 6 Stunden und an den beiden anderen Tagen jeweils 7 Stunden Unterricht. Er hat in einer Woche also 9 Stunden mehr Unterricht als Finn.

Wie viele Unterrichtsstunden hat Finn in einer Woche?

BVK MA15 • Martin Peters: Textaufgaben & Rechengeschichten Klasse 2 • Seite 9

Tipp-Karte

Der neue Stundenplan

Schreibe auf, wie Finns Stundenplan aussehen könnte.
Streiche die Stunden durch, in denen Finn keinen Unterricht hat.
Trage nun die Fächer ein. Achte darauf, dass jedes Fach nur einmal pro Tag auf deinem Plan steht.
Zähle die Stunden.

	Montag	Dienstag	Mittwoch	Donnerstag	Freitag
1.					
2.					
3.					
4.					
5.					
6.					

Rechengeschichte

Die Bücher im Regal

Im Klassenraum der Klasse 2c gibt es für die 12 Mädchen und die 12 Jungen neben den 3 Schränken in der Leseecke ein Bücherregal. In diesem stehen 68 Bücher mit Geschichten und 28 Sachbücher. Tess, Ruben und Nura möchten diese Bücher nun so auf die 4 Regalbretter verteilen, dass auf jedem Regalbrett gleich viele Bücher stehen. Dafür haben die 3 Kinder bereits 20 Bücher auf jedes Regalbrett gestellt.

Wie viele Bücher müssen sie noch verteilen?
Wie viele Bücher stehen dann auf jedem Regalbrett?

Tipp-Karte 1

Die Bücher im Regal

Auf jedem Regalbrett sind schon 20 Bücher eingezeichnet.
Überlege, wie viele Bücher noch übrig sind.
Verteile sie auf die 4 Regalbretter.
Zeichne dazu nacheinander auf jedes Regalbrett ein Buch hinzu.

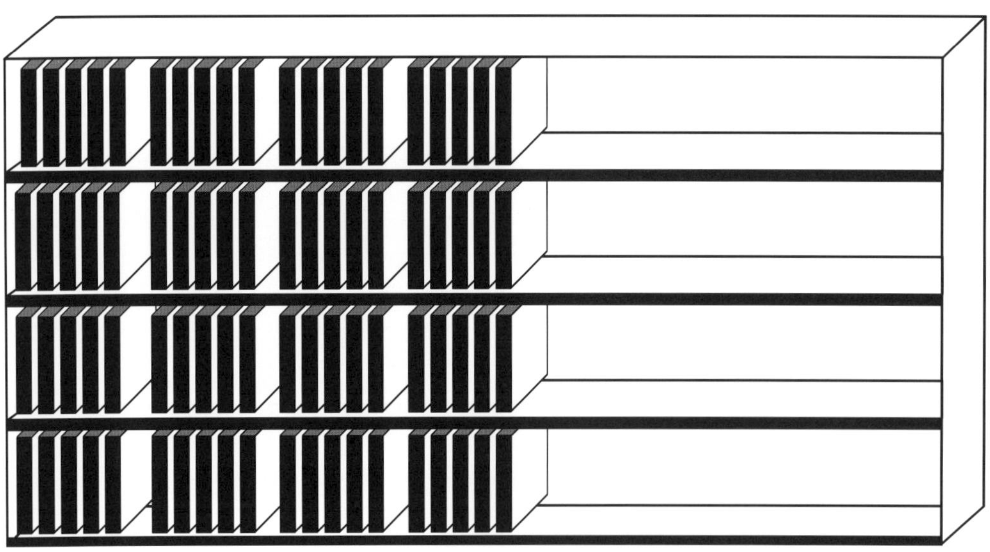

BVK MA15 • Martin Peters: Textaufgaben & Rechengeschichten Klasse 2 • Seite 10

Tipp-Karte 2

Die Bücher im Regal

Welche Informationen sind wichtig, um das Problem zu lösen? Kreuze an.

	wichtig	unwichtig
In der Klasse 2c gibt es 12 Mädchen und 12 Jungen.	○	○
In der Leseecke stehen 3 Schränke und ein Regal.	○	○
In der Klasse gibt es 68 Bücher mit Geschichten.	○	○
In der Klasse gibt es 28 Sachbücher.	○	○
Das Regal hat 4 Regalbretter.	○	○
3 Kinder möchten die Bücher sortieren.	○	○
Auf dem Regal stehen bereits auf jedem Brett 20 Bücher.	○	○

Rechengeschichte

Jule liest

Jule hat sich am Donnerstag in der Bücherei ein Buch ausgeliehen.
Am selben Tag hat sie in diesem Buch bereits 18 Seiten gelesen. Am Wochenende hat Jule doppelt so viele Seiten geschafft wie am Donnerstag.
Jule trägt immer in ihren Kalender ein, wie viele Seiten sie gelesen hat. Sie bemerkt: „Wenn ich an den nächsten 3 Tagen jeweils 9 Seiten lese, bin ich mit dem Buch schon nach einer Woche fertig.“
Bei ihrer Freundin Tabea hat sie ein Buch gesehen, das 104 Seiten hat.
Das sind noch einmal 23 Seiten mehr.
Als sich Jule die Zahlen auf ihrem Kalender genauer anschaut, stellt sie fest: „Hätte ich an den ersten Tagen nur jeweils 9 Seiten gelesen, wäre ich erst am Freitag mit dem Buch fertig geworden.“

Wie viele Seiten hat das Buch?

BVK MA15 • Martin Peters: Textaufgaben & Rechengeschichten Klasse 2 • Seite 11

BVK MA15 • Martin Peters: Textaufgaben & Rechengeschichten Klasse 2 • Seite 12

Jule liest

Tipp-Karte 1

Trage unter dem Kalenderblatt in das obere Kästchen ein, wie viele Seiten Jule an diesem Tag gelesen hat.
In das zweite Kästchen schreibst du, bis zu welcher Seite Jule an diesem Tag in ihrem Buch gekommen ist.

1 Donnerstag	2 Freitag	3 Samstag	4 Sonntag	5 Montag	6 Dienstag	7 Mittwoch
18 Seiten		____ Seiten		____ Seiten	____ Seiten	____ Seiten
bis Seite 18		bis Seite ____		bis Seite ____	bis Seite ____	bis Seite ____

BVK MA15 • Martin Peters: Textaufgaben & Rechengeschichten Klasse 2 • Seite 12

Jule liest

Tipp-Karte 2

Lies die Fragen. Reichen die im Text enthaltenen Angaben bereits aus, um die Frage zu beantworten? Oder musst du erst etwas rechnen? Kreuze an.
Rechne und schreibe das Ergebnis auf.

	Die Angaben reichen bereits aus.	Hier muss ich erst rechnen.	Ergebnis
Wie viele Seiten hat Jule donnerstags gelesen?	○	○	____
Wie viele Seiten hat Jule am Wochenende gelesen?	○	○	____
Bis zu welcher Seite hat Jule sonntags gelesen?	○	○	____
Wie viele Seiten muss Jule an den folgenden 3 Tagen noch lesen?	○	○	____
Wie viele Seiten mehr hat das Buch, das Jule bei ihrer Freundin gesehen hat?	○	○	____

Rechengeschichte

Stationenarbeit zum Thema „Haustiere“

Der Lehrer hat für die Klasse 2d der Christophorus-Schule eine kleine Stationenarbeit mit 4 Stationen eingerichtet. Die Stationen tragen die Bezeichnungen Hunde, Katzen, Vögel und Hamster. Damit jedes Kind der Klasse an jeder Station ein Arbeitsblatt bearbeiten kann, hat der Lehrer insgesamt 100 Kopien angefertigt.

Von den 12 Mädchen der Klasse wählt die Hälfte ein Arbeitsblatt über Katzen aus. Die anderen 6 Mädchen nehmen sich ein Arbeitsblatt über Vögel.

Von den 13 Jungen der Klasse beschäftigen sich 8 Jungen zunächst mit Hunden. Die anderen wählen ein Arbeitsblatt mit Hamstern.

11 Kinder der Klasse interessieren sich also besonders für Vögel und Hamster. Für Katzen und Hunde interessieren sich 3 Kinder mehr.

Wie viele Kinder sind in der Klasse?

Tipp-Karte

Stationenarbeit zum Thema „Haustiere“

Rechne mit den Rechenmauern.

Von 12 Mädchen nehmen 6 ein Arbeitsblatt über Vögel:

<table><tr><td colspan="2">12</td></tr><tr><td></td><td>6</td></tr></table>

_____ Mädchen nehmen ein Arbeitsblatt über Katzen.

Von 13 Jungen nehmen 8 ein Arbeitsblatt über Hunde:

<table><tr><td colspan="2">13</td></tr><tr><td>8</td><td></td></tr></table>

_____ Jungen nehmen ein Arbeitsblatt über Hamster.

11 Kinder interessieren sich für Vögel und Hamster. 3 Kinder mehr interessieren sich für Katzen und Hunde.

<table><tr><td colspan="2"></td></tr><tr><td>11</td><td>3</td></tr></table>

_____ Kinder interessieren sich für Katzen und Hunde.

In der Klasse 2d sind 12 Mädchen und 13 Jungen.

<table><tr><td colspan="2"></td></tr><tr><td>12</td><td>13</td></tr></table>

_____ Kinder sind in der Klasse 2d.

BVK MA15 • Martin Peters: Textaufgaben & Rechengeschichten Klasse 2 • **Seite 13**

Rechengeschichte

Die Kinder der zweiten Klassen

An der Erich-Kästner-Schule werden im ersten Schuljahr 77 Kinder in 3 Klassen unterrichtet. Im zweiten Schuljahr gibt es insgesamt 18 Kinder mehr. Sie werden in 4 Klassen unterrichtet. In diesen 4 Klassen werden insgesamt 49 Mädchen und 46 Jungen unterrichtet.
Die Anzahl der Kinder in diesen 4 Klassen ist allerdings nicht gleich.
In die Klassen 2a und 2c gehen jeweils 23 Kinder. In der Klasse 2b sind es 2 Kinder mehr.

Wie viele Kinder werden in der Klasse 2d unterrichtet?

Tipp-Karte

Die Kinder der zweiten Klassen

Reichen die im Text enthaltenen Angaben bereits aus, um die Frage zu beantworten? Oder musst du erst rechnen? Kreuze an.
Rechne und schreibe das Ergebnis auf.

	Die Angaben reichen bereits aus.	Hier muss ich erst rechnen.	Ergebnis
Wie viele Kinder sind im ersten Schuljahr?	○	○	______
Wie viele Kinder sind im zweiten Schuljahr?	○	○	______
Wie viele Mädchen und wie viele Jungen sind zusammen im zweiten Schuljahr?	○	○	______
Wie viele Kinder werden in der Klasse 2a und der Klasse 2c zusammen unterrichtet?	○	○	______
Wie viele Kinder werden in der Klasse 2b unterrichtet?	○	○	______

Rechengeschichte

Nomen sortieren

Die Klassenlehrerin der 2a möchte mit den 15 Mädchen und 9 Jungen ihrer Klasse Nomen (Namenwörter) sortieren. Dazu hat sie die Kinder in 4 Gruppen eingeteilt. Die Kinder schneiden aus Prospekten Tiere, Pflanzen, Namen und Dinge aus. Die ausgeschnittenen Bilder ordnen sie den 4 Begriffen zu und kleben sie auf einem Plakat zu dem entsprechenden Begriff.
Die erste Gruppe hat 38 Bilder aufgeklebt.
Die zweite Gruppe hat halb so viele Bilder aufgeklebt.
Die dritte Gruppe hat 18 Bilder verwendet.
Die vierte Gruppe hat 3 Bilder mehr aufgeklebt.
Insgesamt haben die Kinder 17 Bilder den Namen zugeordnet.
Tiere haben sie doppelt so viele gefunden.
Außerdem haben sie 19 Pflanzen und 26 Dinge aufgeklebt.

Wie viele Nomen haben die Kinder sortiert?

Rechengeschichte

Die Wochenaufgabe

An der Südschule erhalten die Kinder montags immer eine Rechenaufgabe für die Woche. Jedes Kind sucht im Verlauf der Woche nach einer Lösung und schreibt sein Ergebnis mit seinem Namen auf einen Zettel. Diesen Zettel wirft es in den *Mathe-Briefkasten*.
In den letzten Tagen sollten die Kinder Aufgaben notieren, bei denen sie als Ergebnis die Zahl 72 erhalten.
Auf Darias Zettel steht: 8 • 9 = 9 + 9 + 9 + 9 + 9 + 9 + 9 + 9 = 72.
Eva hat gerechnet: 91 – 19 = 72.
Hassan hat die Aufgabe 59 + 23 = 72 gefunden.
Lotte hat geschrieben: Wenn ich die 18 verdoppele und das Ergebnis noch einmal verdoppele, erhalte ich 72.
Aylin hat gerechnet: 4 + 5 + 6 + 7 + 8 + 9 + 10 + 11 + 12 = 72.
Auf Svens Zettel steht: 7 + 8 + 9 + 10 + 11 + 10 + 9 + 8 + 7 = 72.

Zwei dieser Aufgaben sind nicht richtig.
Welche Aufgaben sind falsch?
Welches Ergebnis haben die falschen Aufgaben?

BVK MA15 • Martin Peters: Textaufgaben & Rechengeschichten Klasse 2 • Seite 15

Die Dosenpyramide

Rechengeschichte

Hannah und Ali möchten in der Regenpause aus Dosen eine Pyramide bauen. Sie nehmen sich dazu eine Kiste, in der 10 Dosen in 10 Reihen nebeneinanderstehen. In die unterste Reihe stellen sie 10 Dosen. In der Reihe darüber stellen

sie die Dosen wie in der Abbildung auf. Daher passen in diese Reihe nur noch 9 Dosen.
In den nächsten Reihen können sie ebenfalls jeweils eine Dose weniger aufstellen.
In der obersten, der 1. Reihe, steht schließlich nur noch eine Dose.
Als die Pyramide fertig ist, stellen Hannah und Ali fest, dass sie jetzt noch 45 Dosen übrig haben. „Dann hätten wir den Turm ja fast doppelt so hoch bauen können!“, bemerkt Ali. Hannah entgegnet aber, dass die verbliebenen Dosen nicht einmal für weitere 4 Reihen gereicht hätten.

Können Hannah und Ali mit den vorhandenen Dosen eine Pyramide bauen, die 14 Reihen hoch ist?

Die Dosenpyramide

Tipp-Karte

Ergänze die fehlenden Zahlen.
Berechne die Anzahl der Dosen.

Für die 11. Reihe benötigen Hannah und Ali ______ Dosen.

Für die 12. Reihe benötigen sie ______ Dosen.

Für diese beiden Reihen benötigen sie also ______ Dosen.

Für die 13. Reihe benötigen sie ______ Dosen.

Für diese drei Reihen benötigen sie also ______ Dosen.

Für die 14. Reihe benötigen sie ______ Dosen.

Für diese vier Reihen benötigen sie also ______ Dosen.

Rechnung:

____

Rechnung:

____

Rechnung:

____

Tipp: Rechne möglichst mit deinem Ergebnis weiter.

BVK MA15 • Martin Peters: Textaufgaben & Rechengeschichten Klasse 2 • **Seite 16**

Die Schul-T-Shirts

Rechengeschichte

An der Kyburgschule erhalten alle Kinder, die am Sportfest teilgenommen haben, ein T-Shirt. Darauf steht „Wir sind Kinder der Kyburg.“ Die Kinder können sich die Farbe selbst aussuchen. Es gibt rote, blaue, grüne und gelbe T-Shirts.
Von den 49 Mädchen und 48 Jungen der Schule bestellen 14 Kinder ein rotes T-Shirt. Doppelt so viele Kinder bestellen ein blaues T-Shirt.
13 Kinder möchten ein grünes T-Shirt. 18 Kinder bestellen ein gelbes T-Shirt.

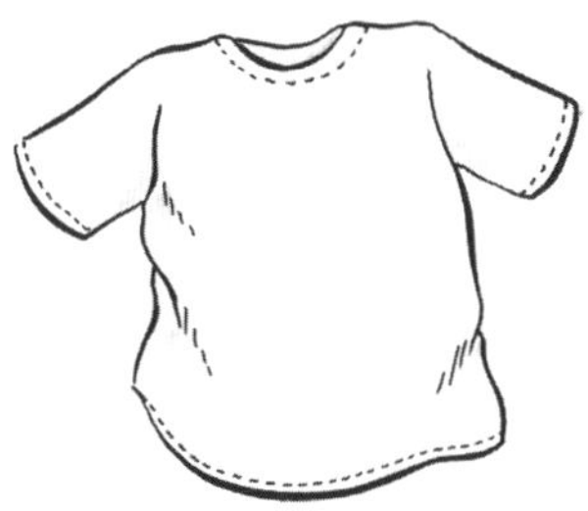

Eine Lehrerin verteilt die T-Shirts auf vier Körbe. In den Korb für das 1. Schuljahr legt sie 19 T-Shirts. Das zweite Schuljahr bekommt 2 T-Shirts weniger. Das 3. Schuljahr erhält 22 T-Shirts. In den letzten Korb kommen schließlich noch 15 T-Shirts für die Kinder des vierten Schuljahres.

Wie viele Kinder haben kein T-Shirt erhalten?

Die Schul-T-Shirts

Tipp-Karte 1

Welche Fragen lassen sich durch die Informationen der Rechengeschichte beantworten?
Kreuze an. Rechne und schreibe das Ergebnis auf.

	lässt sich beantworten	nicht zu beantworten	Ergebnis
Wie viele Kinder werden an dieser Schule unterrichtet?	○	○	________
Wie viele Mädchen haben ein T-Shirt bestellt?	○	○	________
Wie viele Kinder haben ein blaues T-Shirt bestellt?	○	○	________
Wie viele T-Shirts liegen im 2. Korb?	○	○	________
Wie viele T-Shirts hat die Lehrerin auf die vier Körbe verteilt?	○	○	________
Wie viele Kinder aus dem 4. Schuljahr haben kein T-Shirt bestellt?	○	○	________

Wähle eine Frage aus, die du mit den Informationen nicht beantworten kannst. Begründe, warum du diese Frage nicht beantworten kannst.

Tipp-Karte 2

Die Schul-T-Shirts

Trage die Anzahl der bestellten T-Shirts ein und rechne sie zusammen. Du erhältst die Anzahl der insgesamt bestellten T-Shirts. Trage diese Anzahl jeweils in dem oberen Streifen ein. Sind deine Ergebnisse gleich?

T-Shirts insgesamt: ______			
rote: ______	blaue: ______	grüne: ______	gelbe: ______

T-Shirts insgesamt: ______			
1. Korb: ______	2. Korb: ______	3. Korb: ______	4. Korb: ______

BVK MA15 • Martin Peters: Textaufgaben & Rechengeschichten Klasse 2 • Seite 18

Rechengeschichte

Die Textkärtchen an der Stellwand

Die 24 Kinder der Klasse 2c haben für die Woche des Buches kleine Texte geschrieben, die sie ausstellen möchten. Die Klassenlehrerin befestigt die Textkärtchen an einer Stellwand.
In drei Reihen sollen jeweils 8 Kärtchen nebeneinanderhängen. Das erste Kärtchen befestigt die Lehrerin an der linken oberen Ecke mit einer Pinnnadel. Das zweite Kärtchen hält sie nun rechts neben das erste Kärtchen und schiebt es etwas über den Rand des ersten Kärtchens. Dann befestigt sie die rechte obere Ecke des ersten Kärtchens und die linke obere Ecke des zweiten Kärtchens mit einer weiteren Pinnnadel.
So geht es weiter.

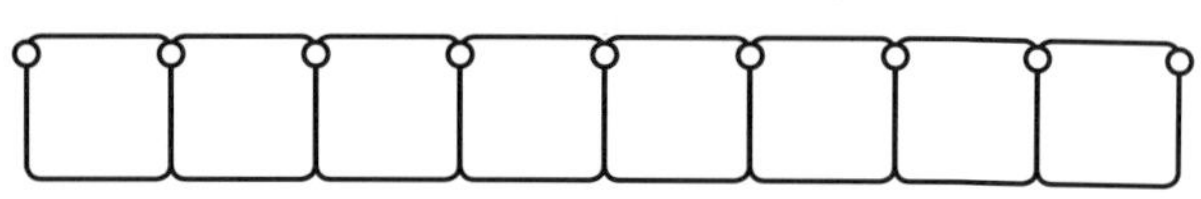

Unter den ersten 8 Textkärtchen lässt die Lehrerin ein paar Zentimeter Platz und hängt anschließend eine zweite und eine dritte Reihe. Auch diese Kärtchen werden so befestigt, wie du es in der Abbildung sehen kannst.

Wie viele Pinnnadeln benötigt die Lehrerin, um alle Textkärtchen aufhängen zu können?

BVK MA15 • Martin Peters: Textaufgaben & Rechengeschichten Klasse 2 • Seite 18

Rechengeschichte

Lara verteilt Muffins

Lara hat Geburtstag. Sie hat deshalb mit ihrer Mutter für die Kinder ihrer Klasse 60 kleine Muffins gebacken. Sie möchte jedem Kind und ihrer Lehrerin (und natürlich auch sich selbst) 2 Muffins geben. Lara überlegt, wie viele Muffins sie dafür benötigt. Dabei stellt sie fest, dass sie dann noch so viele Muffins übrig hat, dass 14 Leute einen weiteren Muffin erhalten könnten. Damit aber jeder 3 Muffins bekommen könnte, hätte Lara 9 Muffins mehr backen müssen.

Wie viele Kinder werden in Laras Klasse unterrichtet?

Tipp-Karte

Lara verteilt Muffins

Hier sind bereits 60 Muffins aufgezeichnet, die Lara gebacken hat. Zeichne 9 Muffins dazu. So viele Muffins benötigt Lara, damit jeder 3 Muffins erhält. Kreise nun immer 3 Muffins ein. An der Anzahl der Kreise kannst du ablesen, wie viele Kinder in Laras Klasse unterrichtet werden. Du musst aber noch einen Kreis für die Lehrerin abziehen.

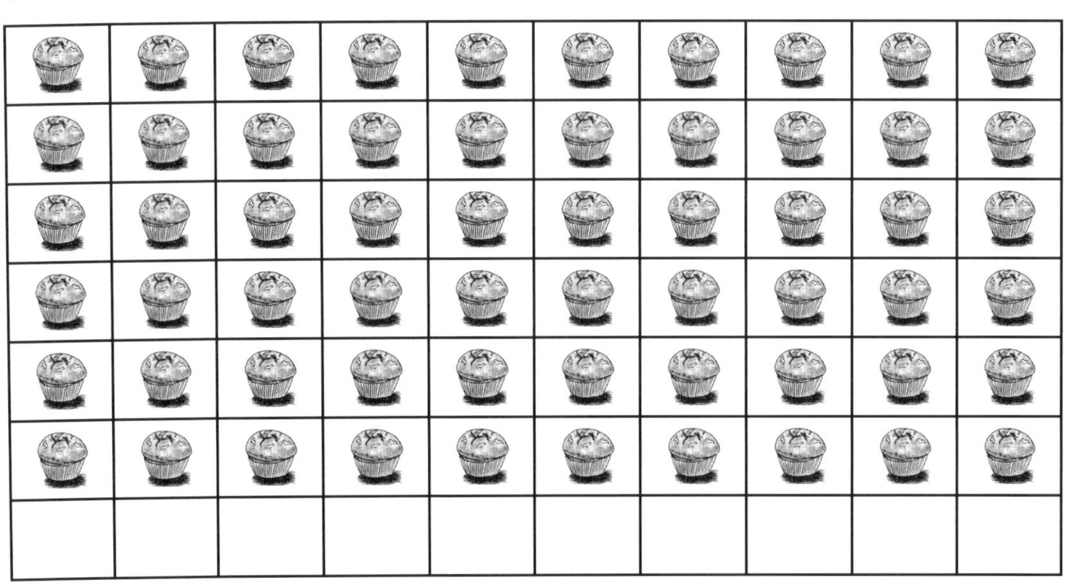

Rechengeschichte

Die Blättersammlung

Die 14 Mädchen und die 9 Jungen der Klasse 2c haben bei einem Ausflug in den Wald Blätter gesammelt. Jedes Kind darf im Klassenraum 3 seiner Blätter auswählen und auf einem der 4 Gruppentische ausstellen. Auf dem ersten Tisch liegen 17 Blätter. Auf dem zweiten Tisch liegen 19 Blätter. Auf dem dritten Tisch liegen 24 Blätter und auf dem vierten liegen 9 Blätter. Die Lehrerin legt anschließend Abbildungen verschiedener Bäume aus. Sie bittet die Kinder, die ausgestellten Blätter zuzuordnen. Als die Kinder ihre Blätter sortiert und neu angeordnet haben, können 18 Eichenblätter, 22 Buchenblätter und 23 Ahornblätter bewundert werden. Außerdem gibt es noch 6 Blätter, die die Kinder nicht zuordnen können.

Kannst du berechnen, wie viele Blätter die Kinder ausgestellt haben?

Tipp-Karte 1

Die Blättersammlung

Trage die Anzahl der Blätter ein und rechne sie zusammen.
Trage dein Ergebnis jeweils in den oberen Streifen ein.
Sind deine Ergebnisse gleich?

Blätter insgesamt: ______			
1. Gruppentisch: ______ Blätter	2. Gruppentisch: ______ Blätter	3. Gruppentisch: ______ Blätter	4. Gruppentisch: ______ Blätter

Blätter insgesamt: ______			
Eichenblätter: ______	Buchenblätter: ______	Ahornblätter: ______	andere Blätter: ______

Blätter insgesamt: ______					
14 Blätter (Mädchen)	14 Blätter (Mädchen)	14 Blätter (Mädchen)	9 Blätter (Jungen)	9 Blätter (Jungen)	9 Blätter (Jungen)

Die Blättersammlung

Tipp-Karte 2

Stimmt das?
Überprüfe die folgenden Aussagen.

	stimmt	stimmt nicht
In der Klasse 2c sind 23 Kinder.	○	○
Wenn jedes Kind im Klassenraum 3 Blätter ausstellen darf, musst du 23 + 23 + 23 rechnen.	○	○
Wenn die Blätter auf 4 Tischen ausgestellt werden, musst du 4 • 23 oder 23 + 23 + 23 + 23 rechnen.	○	○
Du musst die Anzahl der Blätter auf den 4 Gruppentischen zusammenrechnen.	○	○
Du kannst auch zusammenrechnen, wie viele Blätter jeder Art die Kinder gefunden haben.	○	○
Du musst alle Blätter zusammenrechnen, also 17 + 19 + 24 + 9 + 18 + 22 + 23 + 6.	○	○

Bewegungsstationen

Rechengeschichte

In der Turnhalle hat der neue Sportlehrer der Arena-Schule für die 28 Mädchen und die 24 Jungen der 2a und der 2b sechs Bewegungsstationen aufgebaut. An der ersten Station klettern 9 Kinder über die 4 Stangen der beiden Barren. An der zweiten Station liegen 12 große Medizinbälle. 7 Kinder transportieren diese schweren Bälle zu den 3 kleinen Kästen, die an der Fensterseite aufgestellt wurden. Weitere 12 Kinder spielen an den 10 Seilen, die von der Decke hängen. 9 Kinder klettern an den 4 Sprossenwänden. Mit den kleinen Seilchen springen 7 Kinder. Die übrigen Kinder balancieren über die Unterseiten der 4 langen Bänke, die der Lehrer umgedreht hat und auf die er jeweils 5 Kegel gestellt hat.

Wie viele Kinder balancieren über die langen Bänke?

BVK MA15 • Martin Peters: Textaufgaben & Rechengeschichten Klasse 2 • Seite 21

Tipp-Karte 1

Bewegungsstationen

Welche Informationen sind wichtig?
Kreuze an.

	wichtig	unwichtig
In den beiden Klassen gibt es 28 Mädchen und 24 Jungen.	○	○
Die beiden Barren haben zusammen 4 Stangen.	○	○
An der zweiten Station liegen 12 große Medizinbälle.	○	○
Die Medizinbälle werden in 3 kleine Kästen gelegt.	○	○
Von der Decke hängen 10 Seile.	○	○
12 Kinder spielen an den Seilen.	○	○
9 Kinder klettern an den Sprossenwänden.	○	○
7 Kinder springen mit den kleinen Seilchen.	○	○
Der Lehrer hat 4 lange Bänke umgedreht.	○	○
Auf jeder Bank stehen 5 Kegel.	○	○

BVK MA15 • Martin Peters: Textaufgaben & Rechengeschichten Klasse 2 • Seite 22

Tipp-Karte 2

Bewegungsstationen

Trage die Anzahl der Kinder ein, die an den Stationen spielen.

______ Kinder

______ Kinder

______ Kinder

______ Kinder

______ Kinder

______ Kinder

BVK MA15 • Martin Peters: Textaufgaben & Rechengeschichten Klasse 2 • Seite 22

Rechengeschichte

Der Wettbewerb um die meisten erledigten Arbeitsaufträge

In der Klasse 2b sitzen die Kinder an 4 Gruppentischen mit jeweils 4 Kindern. Für die Werkstatt über den Herbst haben die Kinder einen kleinen Wettbewerb vereinbart: Welche Gruppe bewältigt die meisten Arbeitsaufträge?
Am Ende der ersten Woche haben die Kinder der ersten Gruppe 19 Aufträge erledigt. In der zweiten Woche erledigen sie sogar noch 4 Aufgaben mehr.
Von den Kindern der zweiten Gruppe haben 3 Kinder jeweils 9 Aufgaben geschafft. Dazu kommen noch die 14 Aufgaben, die Luisa bewältigt hat.
Die Kinder am dritten Gruppentisch wollten 50 Aufgaben schaffen, ihnen fehlen aber noch 11 Aufgaben.
Von den Kindern der vierten Gruppe haben zwei Kinder jeweils 13 Aufgaben und die beiden anderen Kinder zusammen 18 Aufgaben bewältigt.

Welche Gruppe hat die meisten Aufgaben erledigt?

Tipp-Karte

Der Wettbewerb um die meisten erledigten Arbeitsaufträge

Hier sind Rechnungen aufgeführt, die zu dieser Rechengeschichte passen.
Welche Aufgabe passt zu welcher Gruppe?
Schreibe auch deine Ergebnisse auf.

2 • 13 + 18 ____________________

3 • 9 + 14 ____________________

50 – 11 ____________________

19 + 23 ____________________

Gruppe ______ hat die meisten Aufgaben erledigt.

BVK MA15 • Martin Peters: Textaufgaben & Rechengeschichten Klasse 2 • Seite 23

Rechengeschichte

Die Bildergalerie auf dem Flur

Auf dem Flur vor dem Klassenraum der Klasse 2a hat der Klassenlehrer an beiden Wänden Bilder aufgehängt. Diese Bilder haben die Kinder in den letzten beiden Kunststunden gemalt. Der Lehrer hat von jedem der 15 Mädchen und der 9 Jungen 2 Bilder ausgesucht. Dabei hat der Lehrer allerdings an der rechten Wand 6 Bilder weniger aufgehängt als an der linken Wand. Auf den Bildern ist 17-mal ein rotes Haus in einem dunklen Wald dargestellt. 14 Kinder haben ein Schloss mit 4 oder 5 Türmen gemalt. Weitere 17 Bilder zeigen eine Brücke, die über einen Fluss führt.

Wie viele Bilder hängen an der linken Wand des Flures?

BVK MA15 • Martin Peters: Textaufgaben & Rechengeschichten Klasse 2 • Seite 24

Tipp-Karte

Die Bildergalerie auf dem Flur

Überlege zunächst, wie viele Bilder der Lehrer aufgehängt hat.
Verteile diese Bilder gleichmäßig auf die beiden Wände.

linke Wand:	rechte Wand:
☐	☐

Streiche nun an der rechten Wand immer ein Bild weg.
Male es an der linken Wand dazu, bis du dort 6 Bilder mehr als an der rechten Wand hast.

Rechengeschichte

Im Schwimmbad

Die drei Klassen des zweiten Schuljahres der Astrid-Lindgren-Schule fahren jeden Dienstag mit zwei Bussen zum Schwimmunterricht ins Südbad.
Dort ziehen sich die Kinder in 4 Sammelumkleiden um. In den beiden Umkleiden für die Mädchen ziehen sich einmal 23 Mädchen und einmal 19 Mädchen um. In den beiden Umkleiden für die Jungen sind jeweils gleich viele Jungen. In den drei Klassen gibt es allerdings 6 Jungen weniger als Mädchen.
Im Schwimmbad werden die Kinder in zwei Gruppen eingeteilt. 26 Kinder gehen ins Nichtschwimmerbecken und doppelt so viele Kinder gehen ins Schwimmerbecken.
Bei der Rückfahrt sitzen im ersten Bus 19 Kinder der Klasse 2a und 20 Kinder aus der 2b. Im zweiten Bus sitzen insgesamt 39 Kinder. Außerdem sitzen in jedem Bus zwei Erwachsene.

Finde selbst Fragen zu dieser Rechengeschichte.
Kannst du auch die Frage beantworten, wie viele Kinder insgesamt am Schwimmunterricht teilnehmen?

Tipp-Karte 1

Im Schwimmbad

Um das Problem lösen zu können, sind mehrere Rechenwege möglich. Welche der aufgeführten Rechnungen passen zu dieser Rechengeschichte?

4 + 23 + 19 | 23 + 19 | 23 + 19 + 6 | 19 + 20

4 • 23 | 23 – 6 | 19 + 20 + 39

26 + 26 + 26 | 19 + 20 + 39 + 4 | 26 • 2 + 26

BVK MA15 • Martin Peters: Textaufgaben & Rechengeschichten Klasse 2 • Seite 26

Tipp-Karte 2

Im Schwimmbad

Stimmt das?
Überprüfe die folgenden Aussagen und kreuze an.

	stimmt	stimmt nicht
Am Schwimmunterricht nehmen 42 Mädchen teil.	○	○
Am Schwimmunterricht nehmen aus 3 Klassen jeweils 6 Jungen teil.	○	○
Am Schwimmunterricht nehmen 36 Jungen teil.	○	○
62 Kinder gehen ins Schwimmerbecken.	○	○
Bei der Rückfahrt sitzen in beiden Bussen jeweils 39 Kinder.	○	○

BVK MA15 • Martin Peters: Textaufgaben & Rechengeschichten Klasse 2 • Seite 26

Rechengeschichte

Die Chor-AG

An der Nordschule wurde zum neuen Schuljahr für die Kinder des zweiten, dritten und vierten Schuljahres eine Chor-AG eingerichtet.
Von den 56 Kindern des zweiten Schuljahres geht die Hälfte in die Offene Ganztagsschule (OGS). 20 Kinder gehen nach Hause. Die übrigen Kinder kommen aber zur Chor-AG.

Von den 17 Jungen und 8 Mädchen der Klasse 3a gehen die Hälfte der Mädchen und auch noch drei Jungen zur Chor-AG. Aus den Klassen 3b und 3c kommen jeweils 4 Kinder.
Die meisten der insgesamt fast 50 Kinder kommen aus den vierten Klassen. So nehmen von den 25 Kindern der Klasse 4a bereits 8 Kinder an der Chor-AG teil. Aus der Klasse 4b kommen 6 Kinder und die Klasse 4c ist sogar mit 11 Kindern vertreten.

Wie viele Kinder nehmen an der Chor-AG teil?

BVK MA15 • Martin Peters: Textaufgaben & Rechengeschichten Klasse 2 • Seite 27

Tipp-Karte 1

Die Chor-AG

Berechne zuerst, wie viele Kinder aus dem zweiten Schuljahr an der Chor-AG teilnehmen.
Trage dazu in den oberen Kasten ein, wie viele Kinder im zweiten Schuljahr unterrichtet werden.
Wie viele Kinder gehen davon zur OGS? Wie viele Kinder gehen nach Hause? Wie viele Kinder können dann noch zur Chor-AG gehen?

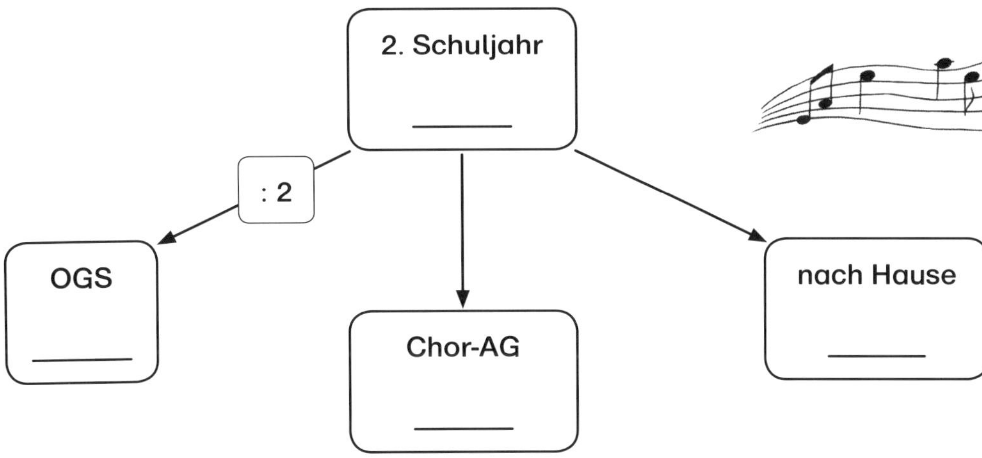

BVK MA15 • Martin Peters: Textaufgaben & Rechengeschichten Klasse 2 • Seite 27

Tipp-Karte 2

Die Chor-AG

Trage in dieses Schaubild nur die Kinder ein, die zur Chor-AG gehen.

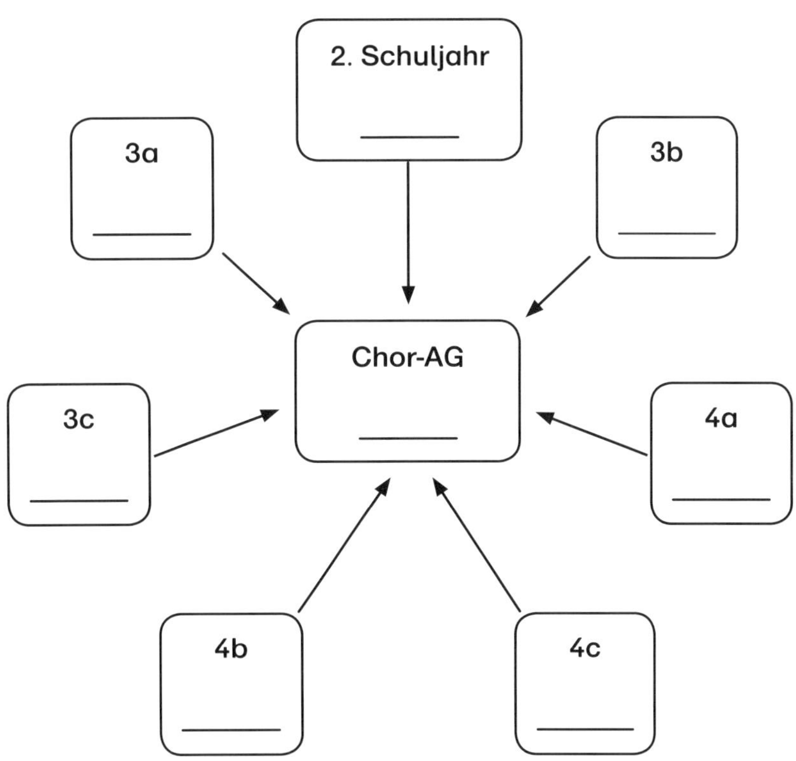

Rechengeschichte

Die Arbeitsblätter

In der Klasse 2b hat die Klassenlehrerin Stationen eingerichtet.
An 9 Stationen hat sie Arbeitsblätter ausgelegt, die von den Schülern bearbeitet und anschließend in der grünen Mappe abgeheftet werden sollen.
Die Lehrerin teilt den 25 Schülern ihrer Klasse allerdings mit, dass sie noch nicht alle Arbeitsblätter ausgelegt hat. Sie wird daher jeden Mittag nach dem Unterricht ein weiteres Arbeitsblatt dazulegen.
Ömer beginnt am Montag gleich mit der Arbeit und schafft 3 Arbeitsblätter.
Er nimmt sich vor, auch an den folgenden Tagen jeweils 3 Arbeitsblätter zu bearbeiten.

Nach wie vielen Tagen hat Ömer alle ausliegenden Arbeitsblätter bearbeitet?

Tipp-Karte

Die Arbeitsblätter

Zeichne dir 9 Arbeitsblätter auf.

1. Tag: 

Streiche 3 Arbeitsblätter durch, die Ömer bearbeitet hat.
Zeichne ein Arbeitsblatt dazu, das die Lehrerin dazugelegt hat.
Lies ab, wie viele Arbeitsblätter jetzt ausliegen.

2. Tag: 

Setze diese Zeichnung fort, bis du alle Arbeitsblätter durchgestrichen hast.

BVK MA15 • Martin Peters: Textaufgaben & Rechengeschichten Klasse 2 • Seite 28

Rechengeschichte

Säckchen-Dart

Auf dem Schulhof der Viktoriaschule sind neben den Spielgeräten 9 Kreise auf dem Boden aufgemalt. In diesen Kreisen sind jeweils Punktzahlen angegeben, die die Kinder bei verschiedenen Spielen erreichen können.
Ein beliebtes Spiel in der Pause ist das Werfen mit kleinen Säckchen aus Stoff, die mit Sand gefüllt sind. Das Kind erhält dabei jeweils die Punktzahl, die in dem getroffenen Kreis angegeben ist. Es gibt drei Kreise mit einer 3, zwei Kreise mit einer 5, zwei Kreise mit einer 7 und jeweils einen Kreis mit einer 10 und einer 12.
Maja hat mit 5 Würfen eine 7, eine 5, zweimal die 10 und einmal die 12 getroffen.
Ardas Säckchen sind zweimal bei der 5, einmal bei der 7 und zweimal bei der 12 gelandet.
Milan hat den Kreis mit der 3 getroffen, dreimal den Kreis mit der 10 und einmal sogar den Kreis mit der 12.
Elias erreicht zweimal eine 7 und dreimal eine 10.

Wie viele Punkte haben die Kinder jeweils erreicht?

Tipp-Karte

Säckchen-Dart

Trage die Punktzahlen der Kinder ein und rechne sie zusammen.

Maja:	7	5	10	10	12	gesamte Punktzahl: ____
Arda:	____	____	____	____	____	gesamte Punktzahl: ____
Milan:	____	____	____	____	____	gesamte Punktzahl: ____
Elias:	____	____	____	____	____	gesamte Punktzahl: ____

BVK MA15 • Martin Peters: Textaufgaben & Rechengeschichten Klasse 2 • Seite 29

Hausaufgabenbetreuung

Von den 197 Kindern der Leonardo-Schule gehen nach dem Unterricht 76 Kinder in die OGS. Sie essen dort zu Mittag, erledigen ihre Hausaufgaben und können zusammen spielen. Allerdings können nicht alle Kinder gleichzeitig ihre Hausaufgaben erledigen.
Nach der 5. Stunde gehen zunächst 35 Kinder in die drei Räume der Hausaufgabenbetreuung. Von diesen Kindern haben 22 Kinder nach einer halben Stunde ihre Aufgaben fertig und gehen zurück in ihre Gruppen. Gleichzeitig kommen weitere 19 Kinder, um ihre Hausaufgaben zu erledigen. Nach einer weiteren halben Stunde ist die Hälfte der Kinder, die jetzt an den Hausaufgaben sitzt, ebenfalls fertig. 16 Kinder sind aber noch beschäftigt.

Von allen Kindern, die in der OGS betreut werden, hat jetzt bereits die Hälfte ihre Hausaufgaben erledigt.

Finde selbst Fragen zu dieser Geschichte.
Beantworte auch die Frage, wie viele Kinder nach einer Stunde bereits ihre Hausaufgaben erledigt haben.

Tipp-Karte 1

Hausaufgabenbetreuung

Stimmt das?
Überprüfe die folgenden Aussagen und kreuze an.

	stimmt	stimmt nicht
Man muss zu den 22 Kindern, die ihre Hausaufgaben nach einer halben Stunde erledigt haben, die Kinder hinzurechnen, die nach einer Stunde fertig sind, also 22 + 16 = 38.	○	○
Man muss zu den Kindern, die nach einer halben Stunde fertig sind, die Kinder hinzurechnen, die dann in die Hausaufgabenbetreuung gehen, also 22 + 19 = 41.	○	○
Man muss die Anzahl der Kinder, die in die OGS gehen, halbieren und erhält so die Anzahl der Kinder, die nach einer Stunde ihre Hausaufgaben erledigt haben.	○	○

Tipp-Karte 2

Hausaufgabenbetreuung

Reichen die im Text enthaltenen Angaben bereits aus, um die Frage zu beantworten? Oder musst du erst rechnen? Kreuze an. Rechne und schreibe das Ergebnis auf.

	Die Angaben reichen bereits aus.	Hier muss ich erst rechnen.	Ergebnis
Wie viele Kinder gehen nach der 5. Stunde in die Hausaufgabenbetreuung?	○	○	________
Wie viele Kinder sind nach einer halben Stunde bereits fertig?	○	○	________
Wie viele Kinder müssen noch weiterarbeiten?	○	○	________
Wie viele Kinder kommen zu diesen Kindern noch dazu?	○	○	________
Wie viele Kinder sitzen nun an ihren Hausaufgaben?	○	○	________
Wie viele Kinder sind nach einer weiteren halben Stunde fertig?	○	○	________

BVK MA15 • Martin Peters: Textaufgaben & Rechengeschichten Klasse 2 • Seite 31

Rechengeschichte

Das Konzert der Musikschule

Die Musikschule veranstaltet jedes Jahr mit den Kindern verschiedener Grundschulen ein Konzert in der Stadthalle. An diesem Konzert nehmen diesmal Kinder von 3 verschiedenen Grundschulen teil. Auf der Bühne stehen insgesamt 115 Kinder.

Von der Mozart-Schule nehmen 17 Kinder aus den zweiten Klassen, 15 Kinder aus den dritten Klassen und 19 Kinder aus den vierten Klassen teil. Diese 29 Mädchen und 22 Jungen stehen neben dem Klavier auf der Bühne.
Sie warten mit den 39 Kindern aus der Schumann-Schule und den 25 Kindern aus der Beethoven-Schule darauf, dass das Konzert beginnt.

Wie viele Kinder der Mozart-Schule nehmen an dem Konzert teil?

Tipp-Karte 1

Das Konzert der Musikschule

Trage in die Streifen zunächst die Informationen ein, die du durch die Geschichte bekommst.
Rechne dann die Zahlen in den Kästchen, die nebeneinanderliegen, zusammen.
Prüfe, ob du in allen Zeilen jeweils dasselbe Ergebnis erhältst.

<table>
<tr><td colspan="8">_______ Kinder auf der Bühne</td></tr>
<tr><td colspan="6">_______
Mozart-Schule</td><td>_______
Schumann-Schule</td><td>_______
Beethoven-Schule</td></tr>
<tr><td colspan="3">_______
Mädchen</td><td colspan="3">_______
Jungen</td><td colspan="2">_______ Kinder von den beiden anderen Schulen</td></tr>
<tr><td colspan="2">2. Klassen:
_______</td><td colspan="2">3. Klassen:
_______</td><td colspan="2">4. Klassen:
_______</td><td colspan="2">_______ Kinder von den beiden anderen Schulen</td></tr>
</table>

BVK MA15 • Martin Peters: Textaufgaben & Rechengeschichten Klasse 2 • Seite 32

Tipp-Karte 2

Das Konzert der Musikschule

Um das Problem lösen zu können, sind mehrere Rechnungen möglich. Welche der aufgeführten Rechnungen passen zu dieser Rechengeschichte?

115 + 3

17 + 15 + 19

39 + 25

115 − 39 − 25

39 − 25

29 + 22

29 − 22

115 − 64

BVK MA15 • Martin Peters: Textaufgaben & Rechengeschichten Klasse 2 • Seite 32

Rechengeschichte

Die Kinder in der Offenen Ganztagsschule (OGS)

Von den 74 Kindern der ersten Klassen gehen 27 nach dem Unterricht in die OGS. Aus den zweiten Klassen gehen von 57 Kindern 28 Kinder nach Hause. Die anderen Kinder besuchen nach dem Unterricht die OGS. Aus den dritten Klassen gehen von den 52 Kindern nur 9 Kinder in die OGS. Dreimal so viele Kinder kommen aus dem 4. Schuljahr. In diesen Klassen werden insgesamt 76 Kinder unterrichtet.

In der OGS gehen die Kinder in vier verschiedene Gruppen. In der roten und in der blauen Gruppe sind jeweils 23 Kinder. In der gelben Gruppe sind 22 Kinder. In der grünen Gruppe sind zwei Kinder mehr als in der gelben Gruppe.

Wie viele Kinder gehen in die OGS?

Tipp-Karte

Die Kinder in der Offenen Ganztagsschule (OGS)

Trage die Anzahl der Schüler in das Schaubild ein.
Berechne dann die Anzahl der Schüler, die in die OGS gehen.

Klasse 1: ______ Kinder → ______ gehen nach Hause. / ______ gehen in die OGS.

Klasse 2: ______ Kinder → ______ gehen nach Hause. / ______ gehen in die OGS.

Klasse 3: ______ Kinder → ______ gehen in die OGS.

Klasse 4: ______ Kinder → ______ gehen in die OGS.

→ ______ Kinder gehen insgesamt in die OGS.

BVK MA15 • Martin Peters: Textaufgaben & Rechengeschichten Klasse 2 • Seite 33

Rechengeschichte

Die Busfahrt

Die zweiten Klassen der Schiller-Schule fahren zu einer Theateraufführung. Die Sekretärin hat für die Kinder, die drei Lehrer und die drei Mütter, die als Begleitung mitfahren, zwei Busse bestellt. In jedem Bus gibt es 42 Plätze.
Im ersten Bus sitzen 7 Mädchen aus der 2a und doppelt so viele Jungen aus der 2b. Dazu kommen noch 8 Mädchen und 6 Jungen aus der 2c, zwei Lehrer und eine Mutter. In diesem Bus sind also noch 4 Plätze unbesetzt.
Im zweiten Bus sitzen 12 Jungen und 5 Mädchen aus der 2a, alle 11 Mädchen aus der 2b, außerdem noch 4 Mädchen und 5 Jungen aus der 2c, ein Lehrer und zwei Mütter. In diesem Bus sind also nur noch 2 Plätze unbesetzt.

Überlege dir selbst Fragen zu dieser Rechengeschichte.
Rechne und beantworte dann deine Fragen.
Sicher kannst du auch die Frage beantworten, wie viele Kinder an dem Ausflug teilnehmen.

Tipp-Karte

Die Busfahrt

Stimmt das?
Überprüfe die folgenden Aussagen.

	stimmt	stimmt nicht
In der Klasse 2a werden 7 Mädchen und 14 Jungen unterrichtet.	○	○
In der Klasse 2b sind 11 Mädchen und 14 Jungen.	○	○
In der Klasse 2c sind 14 Mädchen und 9 Jungen.	○	○
Im 2. Schuljahr gibt es 35 Mädchen und 37 Jungen.	○	○
Wenn im ersten Bus 2 Lehrer und eine Mutter sitzen und noch 4 Plätze unbesetzt sind, dann sitzen in diesem Bus 35 Kinder.	○	○
Wenn im zweiten Bus ein Lehrer und 2 Mütter sitzen und noch 2 Plätze unbesetzt sind, dann sitzen in diesem Bus 37 Kinder.	○	○
Wenn im ersten Bus 38 Plätze und im zweiten Bus 40 Plätze besetzt sind, dann nehmen 78 Kinder an dem Ausflug teil.	○	○
Man muss von der Anzahl der besetzten Plätze die 3 Lehrer und die 3 Mütter abziehen.	○	○

BVK MA15 • Martin Peters: Textaufgaben & Rechengeschichten Klasse 2 • Seite 34

Rechengeschichte

Picknickpause am Barfußpfad

Die Klasse 2b der Michael-Ende-Schule wandert mit dem Klassenlehrer zum nahegelegenen Barfußpfad. Dort kann man ohne Schuhe und ohne Strümpfe über verschiedene Materialien laufen und diese mit den Füßen erfühlen.
Als die Klasse dort ankommt, machen sie zunächst eine Pause. Der Lehrer verteilt an jedes Kind genau eine kleine Stärkung.
Es gibt Bananen, Äpfel, Mandarinen und Möhren. Der Lehrer hat für die Kinder doppelt so viele Möhren wie Bananen eingepackt. Die Bananen und die 7 Äpfel verteilt er an 11 Kinder. 12 Kinder erhalten entweder einen Apfel oder eine Mandarine.

Wie viele Kinder sind in der Klasse?

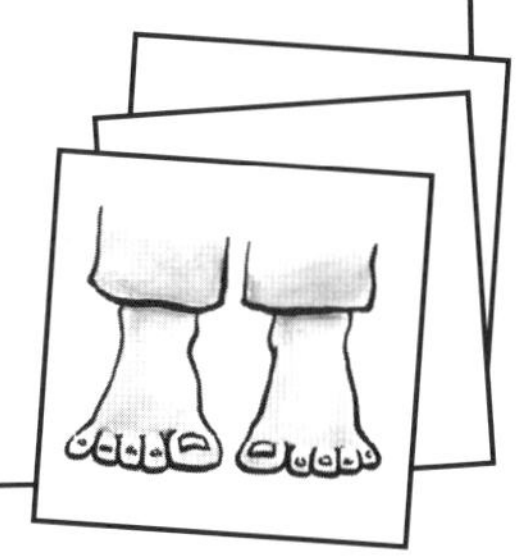

Tipp-Karte

Picknickpause am Barfußpfad

Dieser Text hilft dir.
Setze die fehlenden Zahlen in die Lücken ein.

Der Lehrer verteilt an 11 Kinder Äpfel und Bananen. Von diesen 11 Kindern erhalten 7 Kinder einen Apfel. Also erhalten ______ Kinder eine Banane.

Es gibt doppelt so viele Möhren wie Bananen. Da es ______ Bananen gibt, müssen es ______ Möhren sein.

12 Kinder erhalten entweder einen Apfel oder eine Mandarine.

Da es 7 Äpfel gibt, müssen es ______ Mandarinen sein.

Es gibt ______ Bananen, ______ Äpfel, ______ Mandarinen und ______ Möhren.

Jedes Kind erhält genau eine Stärkung. In der Klasse sind also ______ Kinder.

BVK MA15 • Martin Peters: Textaufgaben & Rechengeschichten Klasse 2 • Seite 35

Eierkartons

Rechengeschichte

Für das Schulfest der Anne-Frank-Schule möchte die Klasse 2b Waffeln backen. Neben Mehl, Margarine, Zucker, Mineralwasser und einigen weiteren Zutaten werden für die etwa 200 Waffeln auch Eier benötigt.

Im Supermarkt kann man Eier in verschieden großen Kartons kaufen. Es gibt Kartons mit jeweils 6 Eiern und Kartons mit jeweils 10 Eiern. Victors Vater hat berechnet, dass er etwa 100 Eier kaufen muss. Es gibt allerdings nicht mehr genügend Kartons mit 10 Eiern. Er muss daher auch einige Kartons nehmen, in denen nur 6 Eier sind. Victors Vater lädt daher 12 Kartons mit insgesamt 100 Eiern in seinen Wagen.

Wie viele Kartons mit jeweils 6 Eiern und wie viele Kartons mit je 10 Eiern hat Victors Vater gekauft?

Eierkartons

Tipp-Karte

Zeichne zunächst in jeden Karton 6 Eier ein.
Wie viele Eier sind es jetzt?
Zeichne dann in die ersten Kartons jeweils weitere 4 Eier.
Zähle dabei mit.
Wenn du 100 Eier verteilt hast, kannst du ablesen, wie viele Kartons mit 10 Eiern du erhalten hast, und wie viele Kartons mit 6 Eiern es noch gibt.

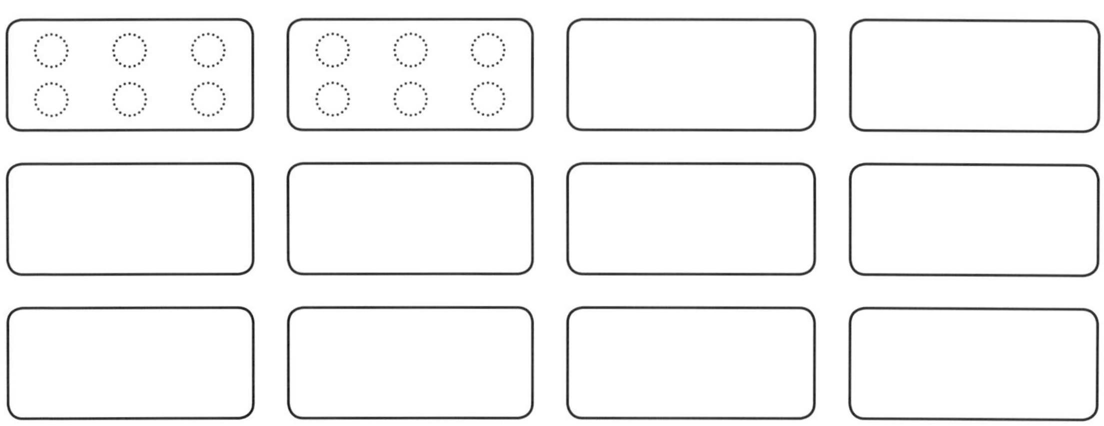

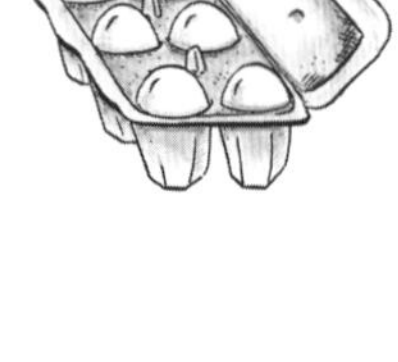

BVK MA15 • Martin Peters: Textaufgaben & Rechengeschichten Klasse 2 • Seite 36

Lösungen / Anmerkungen zu den einzelnen Rechengeschichten

zu S. 5: Das Schuhregal

Lösungsweg 1: 14 + 13 – 3 = 24
Lösungsweg 2: 6 + 7 + 9 + 5 – 3 = 24
Im Klassenraum befinden sich 24 Kinder.

zu S. 6: Milch verteilen

Lösungsweg 1: 3 • 15 = 45, 2 • 12 = 24 45 + 24 + 3 = 72
Lösungsweg 2: 8 • 9 = 72
Lösungsweg 3: 37 + 37 – 2 = 72 oder 37 + 35 = 72
72 Flaschen werden verteilt.

zu S. 6: Freiarbeit

Lösungsweg 1: 3 + 4 + 8 + 3 + 4 + 2 = 24
Lösungsweg 2: 4 + (2 • 4) = 12 12 • 2 = 24
Lösungsweg 3: 4 + 2 + (4 + 2) • 3 = 24
In der Klasse 2b werden 24 Kinder unterrichtet.

zu S. 8: Das Erlebnisheft

Lösungsweg 1: 11 • 2 = 22 32 – 22 = 10 11 + 10 = 21 21 + 3 = 24
Lösungsweg 2: 48 : 2 = 24
In der Klasse sind 24 Kinder.

zu S. 9: Der neue Stundenplan

Lösungsweg 1: 4 + 3 + 5 + 3 + 1 + 2 + 2 + 2 + 1 = 23
Lösungsweg 2: 5 + 5 + 4 + 4 + 5 = 23
Lösungsweg 3: 3 • 6 + 2 • 7 = 32 32 – 9 = 23
Finn hat 23 Unterrichtsstunden.

zu S. 10: Die Bücher im Regal

68 + 28 = 96 96:4 = 24 20 • 4 = 80 96 – 80 = 16
16 Bücher müssen noch verteilt werden. Auf jedem Regalbrett stehen dann 24 Bücher.

zu S. 11: Jule liest

Lösungsweg 1a: 18 + (2 • 18) = 54 3 • 9 = 27 54 + 27 = 81
Lösungsweg 1b: 18 + (2 • 18) = 54 54 + 9 + 9 + 9 = 81
Lösungsweg 2: 104 – 23 = 81
Lösungsweg 3: 9 • 9 = 81 (Donnerstag 1. Woche bis Freitag 2. Woche = 9 Tage)
Jules Buch hat 81 Seiten.

zu S. 13: Stationenarbeit zum Thema „Haustiere“

Lösungsweg 1: 6 + 6 + 8 + 5 = 25
Lösungsweg 2: 12 + 13 = 25
Lösungsweg 3: 100 : 4 = 25
Lösungsweg 4: 11 + 11 + 3 = 25
In der Klasse sind 25 Kinder.

zu S. 14: Die Kinder der zweiten Klassen

Lösungsweg 1: 77 + 18 = 95 23 + 25 + 23 = 71 95 − 71 = 24

Lösungsweg 2: 49 + 46 = 95 23 + 25 + 23 = 71 95 − 71 = 24

In der Klasse 2d werden 24 Kinder unterrichtet.

zu S. 15: Nomen sortieren

Lösungsweg 1: 38 + (38 : 2) + 18 + (18 + 3) = 96

Lösungsweg 2: 17 + (17 • 2) + 19 + 26 = 96

Die Kinder haben 96 Nomen sortiert.

zu S. 15: Die Wochenaufgabe

59 + 23 = 82 und 7 + 8 + 9 + 10 + 11 + 10 + 9 + 8 + 7 = 79

Hassans Aufgabe ergibt 82 und Svens Aufgabe ergibt 79.

zu S. 16: Die Dosenpyramide

Lösungsweg 1: 14 + 13 + 12 + 11 + 10 + 9 + 8 + 7 + 6 + 5 + 4 + 3 + 2 + 1 = 105

Für 14 Reihen werden 105 Dosen benötigt.

10 + 9 + 8 + 7 + 6 + 5 + 4 + 3 + 2 + 1 = 55

55 Dosen haben sie bereits aufgestellt.

Lösungsweg 2: 11 + 12 + 13 + 14 = 50

Die Kinder haben noch 45 Dosen übrig, benötigen aber noch 50 Dosen. Statt 100 Dosen benötigen sie also 105 Dosen.

11 Reihen: 55 + 11 = 66 12 Reihen: 66 + 12 = 78 13 Reihen: 78 + 13 = 91

14 Reihen: 91 + 14 = 105

zu S. 17: Die Schul-T-Shirts

Lösungsweg 1: 49 + 48 = 97 14 + 28 + 13 + 18 = 73 97 − 73 = 24

Lösungsweg 2: 49 + 48 = 97 19 + 17 + 22 + 15 = 73 97 − 73 = 24

24 Kinder haben kein T-Shirt erhalten.

zu S. 18: Die Textkärtchen an der Stellwand

9 + 9 + 9 = 27 oder 3 • 9 = 27

Die Lehrerin benötigt 27 Reißbrettstifte, um alle Textkärtchen aufhängen zu können.

zu S. 19: Lara verteilt Muffins

Lösungsweg 1: 60 − 14 = 46 46 : 2 = 23 23 − 1 = 22

Lösungsweg 2: 60 + 9 = 69 69 : 3 = 23 23 − 1 = 22

In Laras Klasse sind insgesamt 22 Kinder.

zu S. 20: Die Blättersammlung

Lösungsweg 1: 14 + 9 = 23 23 • 3 = 69

Lösungsweg 2: 14 • 3 = 42 9 • 3 = 27 42 + 27 = 69

Lösungsweg 3: 17 + 19 + 24 + 9 = 69

Lösungsweg 4: 18 + 22 + 23 + 6 = 69

Lösungsweg 5: 14 + 14 + 14 + 9 + 9 + 9 = 69

Die Kinder haben 69 Blätter ausgestellt.

zu S. 21: Bewegungsstationen

28 + 24 = 52 9 + 7 + 12 + 9 + 7 = 44 52 − 44 = 8

8 Kinder balancieren über die langen Bänke.

zu S. 23: Der Wettbewerb um die meisten erledigten Arbeitsaufträge

Gruppe 1: 19 + (19 + 4) = 42

Gruppe 2: 3 • 9 = 27   27 + 14 = 41

Gruppe 3: 50 – 11 = 39

Gruppe 4: 2 • 13 + 18 = 44 oder 13 + 13 + 18 = 44

Die vierte Gruppe hat die meisten Aufgaben erledigt.

zu S. 24: Die Bildergalerie auf dem Flur

Lösungsweg 1: 15 + 9 = 24   24 • 2 = 48   48 = 21 + 27

Lösungsweg 2: 17 + 14 + 17 = 48   48 = 21 + 27

(mathematisch: 48 – 6 = 42   42 : 2 = 21   48 – 21 = 27)

An der linken Wand hängen 27 Bilder.

zu S. 25: Im Schwimmbad

Lösungsweg 1: 23 + 19 = 42   42 – 6 = 36   36 : 2 = 18   42 + 18 + 18 = 78

Lösungsweg 2: 26 + (2 • 26) = 78

Lösungsweg 3: 19 + 20 + 39 + 4 = 82   82 – 4 = 78 oder 19 + 20 + 39 = 78

Insgesamt nehmen 78 Kinder am Schwimmunterricht teil.

zu S. 26: Die Chor-AG

2. Klasse: 56 : 2 = 28   28 – 20 = 8

3. Klasse: 4 + 3 + 4 + 4 = 15

4. Klasse: 8 + 6 + 11 = 25

8 + 15 + 25 = 48

An der Chor-AG nehmen 48 Kinder teil.

zu S. 28: Die Arbeitsblätter

Am 4. Tag hat Ömer alle Aufgaben erledigt.

zu S. 29: Säckchen-Dart

Maja: 7 + 5 + 2 • 10 + 12 = 44

Arda: 2 • 5 + 7 + 2 • 12 = 41

Milan: 3 + 3 • 10 + 12 = 45

Elias: 2 • 7 + 3 • 10 = 44

zu S. 30: Hausaufgabenbetreuung

Lösungsweg 1: 22 + 16 = 38

Lösungsweg 2: 35 – 22 + 19 = 32   32 : 2 = 16   16 + 22 = 38

Lösungsweg 3: 76 : 2 = 38

Lösungsweg 4: 35 + 19 = 54   54 – 16 = 38

38 Kinder sind nach einer Stunde fertig.

zu S. 31: Das Konzert der Musikschule

Lösungsweg 1: 17 + 15 + 19 = 51

Lösungsweg 2: 29 + 22 = 51

Lösungsweg 3: 115 – 39 – 25 = 51 oder 115 – (39 + 25) = 51

An dem Konzert nehmen 51 Kinder der Mozart-Schule teil.

zu S. 33: Die Kinder in der Offenen Ganztagsschule (OGS)

Lösungsweg 1: 27 + (57 – 28) + 9 + 27 = 92

Lösungsweg 2: 23 + 23 + 22 + 24 = 92

In der OGS sind 92 Kinder.

zu S. 34: Die Busfahrt

Lösungsweg 1: 7 + 14 + 8 + 6 + 12 + 5 + 11 + 4 + 5 = 72

Lösungsweg 2: 42 – 4 – 3 = 35   42 – 2 – 3 = 37   35 + 37 = 72

An dem Ausflug nehmen 72 Kinder teil.

zu S. 35: Picknickpause am Barfußpfad

In der Klasse sind 24 Kinder. (Es werden 8 Möhren, 4 Bananen, 7 Äpfel und 5 Mandarinen verteilt.)

zu S. 36: Eierkartons

Es sind 7 Kartons mit 10 Eiern und 5 Kartons mit 6 Eiern (7 • 10 + 5 • 6 = 100).